はじめまして、ムンゲです。

一匹の家族が教えてくれた、人生で大切なこと

yeye 著
菅原光沙紀 訳

PHP

The writing dog

Geulmeong

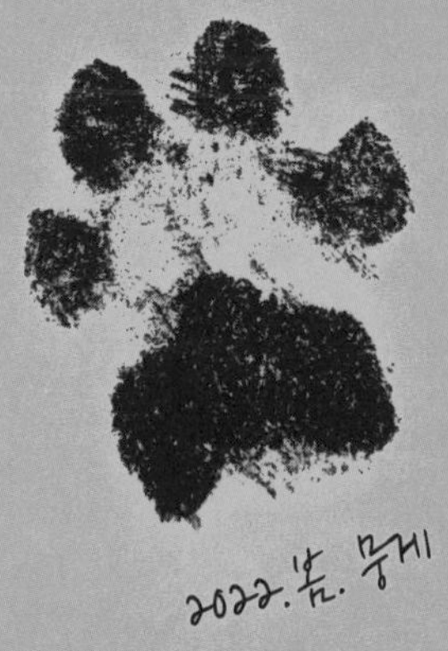
2022.봄. 뭉게

ムンゲのプロローグ

ぼくは文章を書く犬、ムンゲ。
ソウルの片隅で愛する家族とともに暮らす、
平凡なマルチーズのぼくは、
ひとつだけ平凡ではない能力を持っている。

それはズバリ、文章を書ける能力だ。

もしかすると世の中には、ぼくみたいに文章を書く犬や猫など、
いろんな動物がいるのかもしれない。

ぼくはこの世のすべての犬は詩人で、すべての猫は
音楽家だと思っている。他にも動物はたくさんいるけれど、
とりあえず犬と猫を例にあげるとそうだ。

ぼくはこれまで、文章を書く必要性を感じていなかった。
ぼくたちはわざわざ文章にしなくても、また言葉にしなくても、
視線や仕草などで気持ちを表現できるからだ。

ぼくが文章を書こうと思ったきっかけは他にある。

少し前に膵炎(すいえん)にかかり、生まれて初めて入院することになって、
いわゆる「老犬」という時期に入った。
その頃からだっただろうか、
家族のぼくへの接し方も変わり始めた。

だから、家族と一緒に過ごしてきた話を
書き残しておきたかったのだ。

なによりもぼくが書く文章を通して、
ぼくのように早く年を取る子と一緒に暮らしている人たち、
一緒に暮らしていた人たち、
そして、これからそれを経験するであろうすべての人たちに、
伝えたいことがあるのだ。

ぼくは人の瞳に映る海を読むことができる。

家族がぼくを見つめるとき、
その瞳の海はいつも穏やかだったのに、
近ごろは大きく波打っていることがあるんだ。

ねえ、みんなは知ってる？

みんなの瞳の海が作り出す波が、
ぼくの心をざわつかせているってことを。

人は年を取ることを悲しいとも言うけれど、
ぼくは全然悲しくない。

ぼくにとって年を取るってことは、
白くてきれいな雪がしんしんと静かに降り積もるのと同じで、
自然な日常のひとつにすぎないのだ。

大切なものたちはそうやって音もなく心に積もっていく。
年齢とともに積み重なる大切な記憶と思い出が、
ぼくを幸せにしてくれる。

ぼくはもともと頭がいいけれど、
年を取るにつれてより賢く、
よりかっこよくなっている気がする。

ぼくは毎日がただただ楽しい。

それにこの世界は、知っているようで知らないことばかりだ。
だって、ぼくがこうして本を出すことになるとは
夢にも思わなかったのだから。
やはり、長生きはしてみるものだな。

はじめまして！　日本のみなさん、作家のyeyeです。

この度、わたしにとって思い入れの深い国、日本でわたしとムンゲとの本が発売されることになり、とても嬉しく思っております。わたしは20代の半分以上を京都で生活し、そこで絵の勉強をしました。その経験と思い出は、韓国に帰国してから10年以上過ぎた今でも、わたしという人間の一部としてしっかりと存在しています。

大切な日本の恩師や友人にこの本を見てもらえるなんて、作家としてこれ以上嬉しいことはありません。

この本は、わたしの弟であり、家族の末っ子（막내マンネ）であり、赤ちゃん（애기エギ）でもある犬のムンゲから見た世界を描いた本です。ふわふわな綿雲（뭉게구름ムンゲグルム）みたいな毛並みから名前をとって、ムンゲと名付けました。

ムンゲは、優柔不断ですぐに落ち込んでしまうわたしとは違って、自分をしっかりともっていました。

とても強くて、病気と闘う体になってからも、ごはんをいっぱい食べて、お薬もしっかり飲んで、大好きな家族にたくさんの愛情を注いでくれました。わたしはそういうムンゲを愛していたと同時に、憧れていました。

この本は実際に、ムンゲと目を合わせてたくさん会話をしながら、一緒に作りました。「ムンゲのこと、こうやって書いてもいい？」と許可を取ることも多かったです（ムンゲから返ってくる答えはほとんど「ぴーぴー〈おやつくれないの？ or かまって！〉」でしたが）。今も本のページをめくるたびに、たくさんの思い出が浮かんできて、思わず微笑んでしまいます。

ムンゲは2024年の１月に輝く星となりました。しかしこうして文章を書く犬、作家のムンゲ先生として本の中では生き続けています。

読者のみなさんの中にも、文章を書いたり、絵を描いたり、歌を歌ってくれる先生と一緒に暮らしている方がいらっしゃるのではないでしょうか？　ムンゲのように、星となって心の中で輝き続けている先生と一緒に暮らしている方も、いらっしゃるかもしれません。

たくさんの日本のみなさんの心の中に、ふわふわの毛の持ち主であるムンゲ先生が訪れ、日常でふっと笑えるような、犬の匂いみたいに香ばしくてあたたかい、このお話が届きますように……！

韓国ソウルの隅っこから作家yeyeより

CONTENTS

ブックデザイン・組版／眞柄花穂、石井志歩（Yoshi-des.）
編集／薬師神ひろの（PHP研究所）

ムンゲが生まれた日

ぼくは2008年２月14日に、
双子の姉弟として生まれた。

姉さんよりぼくのほうが
ピッピ母さんに似ているんだって。

ぼくは姉さんと違って巻き毛なうえに
体格も２倍、食べる量も２倍だった。

そんなぼくの幼い頃の日課は
ごろごろすること、お乳を飲むこと、寝ること。

だけどある日、そんなぼくの日常が変わったんだ。

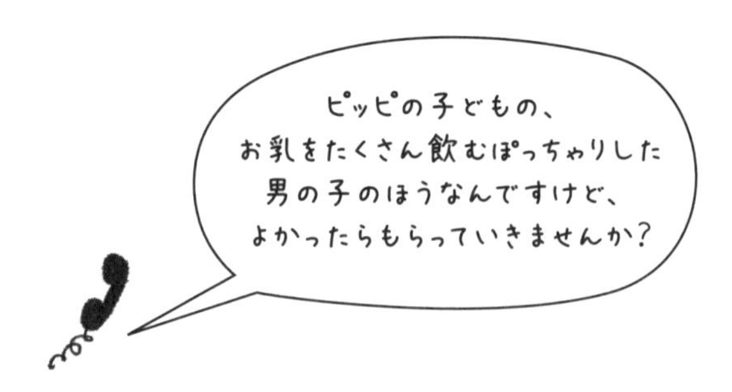

ピッピの子どもの、
お乳をたくさん飲むぽっちゃりした
男の子のほうなんですけど、
よかったらもらっていきませんか？

ちゅう
ちゅう

こうして、ぼくの犬生の第２幕が始まった。

名前の由来

ムンゲ、ムンゲ、ムンゲ……うん、悪くない。

ママのエプロン

ママのエプロンの中は
あったかいし安全なんだ。
おっかない掃除機モンスター
だって、へっちゃらだぜ。
でも…なんでこんなに…
ぐぅ…zzZ

上の姉ちゃん

あっ！
ムンゲったら、
またスリッパ
噛んで！
姉ちゃんか……。
ぼくの新しい
子分かな？
moonge
ポイッ

えっ、これが
姉ちゃん!?
どう見ても
子どもじゃん
もじ
もじ

ワンワン！
（おい、新入り!!）
アン！ アン！
（ぼくの子分になれ！）

お？　いい匂いだ。うん、気に入ったぞ。

ぼくの名前はムンゲ。

我が家の大将さ！

だって、一緒にいたい

姉ちゃんが、また日本にいくなんて言ったら、
ぼくはここから絶対に動かないぞ！

ママか、パパか

ママとパパはこの遊びが大好き。

最初は難しくて迷っていたけれど

今ではもう朝飯前だ。

こうすればいいもんね!

パパを最初に
選んでくれたな！
ムンゲ
ママのところにも
きてくれたもんね？

ヘッヘッ
ヘッヘッ
大将は全員に
平等じゃないとね。
やっぱり
ぼくって天才!

ぼくのルールに従え！

そうそう、
開けといてくれれば
いいんだ

ぼくもパン食べたい。

ウウウ…

1個もくれないだって??

じゃあ、これでどうだ！

待ってろよ！

ウーンッ……！

やっぱり物々交換にはうんちが一番！

ぼくの仕事

最近、下の姉ちゃんは家で仕事をしている。

姉ちゃん！　姉ちゃん！　抱っこして！

ちょっと、確かめたいことがあるんだ!

よしよし、みんなしっかりと働いているな。

もう
下ろして
すみません
パタ
パタ

10分後にまた見にくるから、サボるんじゃないぞ。

弟のジェウォン

※ムンゲ作：ジェウォン

ジェウォンとぼくは、互いに自分こそが兄だと思っている。

このわんぱく小僧め！

そのジェウォンが一人暮らしってのを始めるとかなんとか。

ジェウォン、
おまえがいないから
変な感じがする

ちゃんとごはん、
食べてるか？

数日後

しばらくして

ぼくだけの特等席

ドスッ

ここは、ぼくだけの席なんだからな。

ぼくはムンゲ、我が家の王だ！

さて、そろそろみんなの様子を見にいくとするか。

ムンゲ、お姉ちゃんは
お仕事しないと
いけないんだ
ごめんね

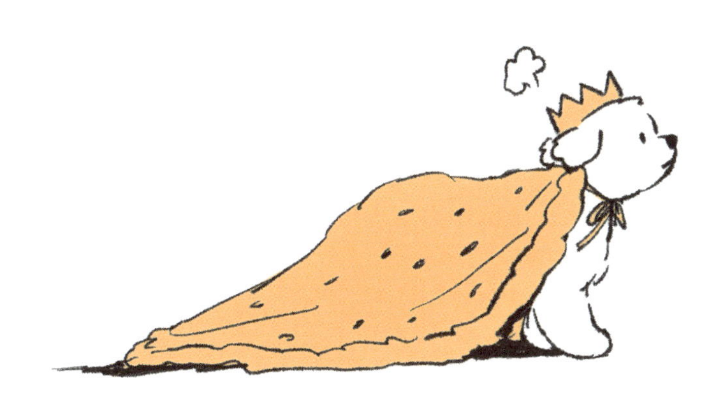

フンッ、いいさ。ママのところにいってやる。

ママ、何してるの？

危ないから
あっちにいってなさい、
ムンゲ
クゥーン

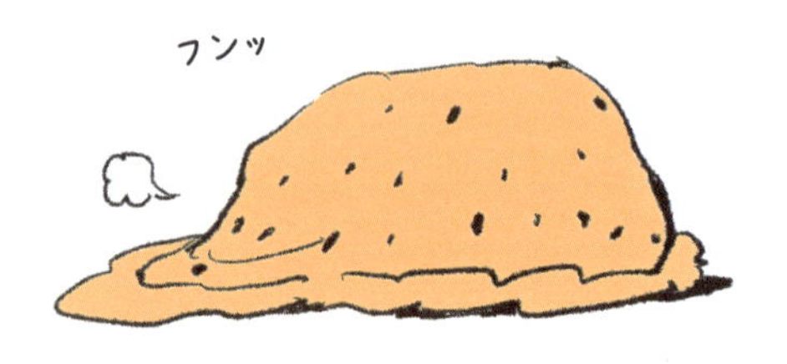
フンッ

ムンゲ〜、
拗ねてるの??

しばらくして

あれ……？　姉ちゃん、かまってくれないの？

好きなもの

ママの、ふかふかの布団が好き。

ブランケットに巻かれるのも好き。

パパが背中をカリカリしてくれるのも好き。

窓の外を見るのも好き。

落ち葉をサクサクと踏むのも好き。

ムンゲ〜

でもやっぱり、ぼくの名前を呼ぶみんなの声が一番好き！

暑さ対策

あー、暑い……。

扇風機だけじゃダメだ。

お、上の姉ちゃんが帰ってきたぞ！
それじゃあ……。

ムンゲ…
姉ちゃん、
暑いんだけど
ぎゅうっ

へへ。エアコン起動成功！

犬はやっぱり頭を使わないと。

なぜか登りたくなる

ぼくこそが、
この山の支配者だ！

秘密基地

我が家の屋上テラスにある、
色褪(あ)せたアイスボックスがぼくの秘密基地。

ここで日光浴をするのがぼくのお気に入りで、
たまに小鳥やリスが訪れたりもする。

じっと目をとじて鼻をヒクヒクさせていると

どこからか、ふわふわと運ばれてくる風の匂い！

?

ブシュッ

I LOVEサツマイモ①

やったー！
家にサツマイモがいっぱいだ。

まだ熱いからあげないよ！
それと太るから少しだけね！

ワンッ！
（泣）

ぼくを笑わせるのも
ぼくを泣かせるのも
サ・ツ・マ・イ・モ!

I LOVEサツマイモ②

上の姉ちゃんが、犬専用チャンネルを契約してくれた。

ムンゲってば、
全然テレビ見ないね？
課金しなきゃ
よかったかな

今ぼくの目に映っているのはただひとつ、

サ・ツ・マ・イ・モ!

子どもたちとぼく

散歩中にぼくをイラつかせるのは

子どもたちだ。

あっ！
わんちゃんだ！
見にいこう！

わんちゃーん！
わんわん！
わんわん！
ウウウ…

子どもに向かって
吠えちゃダメだよ
グルルル
うちに帰ろう

ワンッ
ワンッ
ワンッ
ギャン
ギャン
ぼくを何歳だと
思ってるんだ!

嫌いなもの

あっ！　こら〜！
結局逃げた

うげっ！
つかまえた！

いまだに子ども
扱いされるなんて
屈辱的だ……
SHAM

まあ、さっぱりしたけどね！

宝探し

ガサッ

ポンッ

ポンッ

ムンゲ、
パンをどこに
やったの？

とぼけてるな？
ポーカーフェイスで
知らんぷりしよう

やっぱり姉ちゃんの嗅覚は犬並みだな！
なんなら、ぼくより鼻が利くんじゃないだろうか。

ぼくの友だち紹介

マンタ

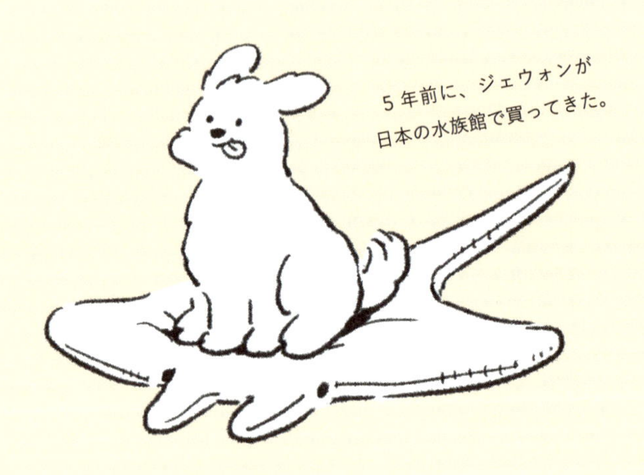

5年前に、ジェウォンが
日本の水族館で買ってきた。

白いトラ

クマ

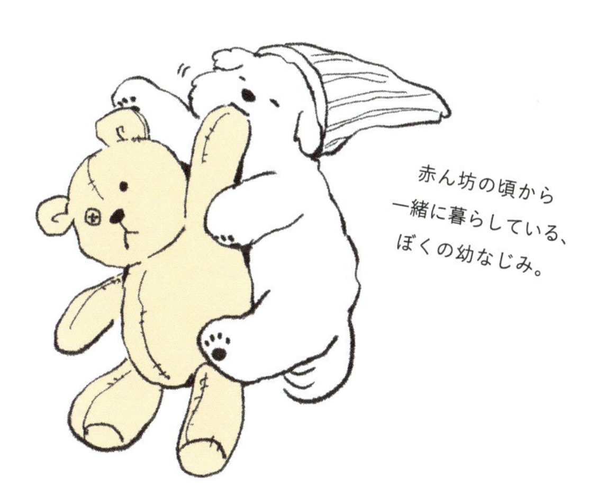

赤ん坊の頃から
一緒に暮らしている、
ぼくの幼なじみ。

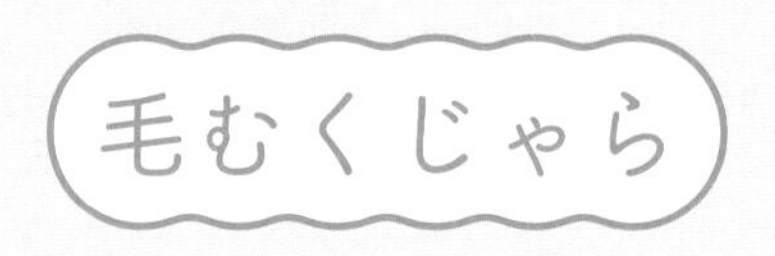

最近、毛太りしました。

毛太りするとぼくは横に大きくなる。

毛が多いと、なんだかお金持ちになった気分だ。

夢の中でも無敵になれる。

毛太りすると、心もモフモフと太って自信がみなぎるんだ。

せっかく毛太りしていい感じになったのに、
なんでカットしちゃうんだよ！

ぼくの意見を聞きもしないで、人間は自分勝手だ。

ああ、もったいない……。

穴があったら入りたい。
ぼくは立派なオスだぞ!?　リボンなんてあんまりだ。

ぼくの表情を見た上の姉ちゃんが、
モコモコの服を着せてくれた。

毛を刈っておいてこんな服を着せるなんて、
やっぱり人間の考えることってよくわからない。

ごはんより好きな魔法の粉

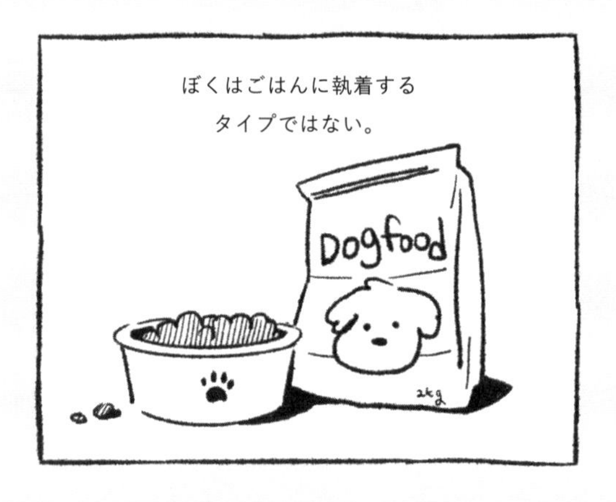

ぼくはごはんに執着する
タイプではない。
Dogfood
2kg

あー、ごはんだー

おいしい粉
TOPPING POWDER

でも不思議なことに、この粉があると
いつも一瞬で食べ終わっちゃう。

本当に不思議だ。

ペットホテル①

ぼくがホテルに泊まったときのことだ。

ホテルには犬がたくさんいたんだけど、

幼い頃から犬が苦手だったぼくは

ほとんどの時間を猫たちと一緒に過ごした。
猫たちは干渉してこないから楽なんだ。

ママと姉ちゃんたち、
まだかな……?
早く会いたいよ

ペットホテル②

数日後

みんな、
ありがとな！
元気でな！
ワンッ！
HOTEL
ニャ〜ン
（バイバ〜イ）

ぼくは恐竜だぞ！

ぼくは野菜が大好き。

上の姉ちゃんいわく、
ぼくが白菜を食べる音は恐竜みたいだそうだ。

「ガオオ！　野菜をくれないと食べちゃうぞ！」

もしかしたらぼくの前世は、
恐竜だったのかも？

人間はズルい

いい匂い！　これ、絶対おいしいものだよね？

ぼくは知っている。

人間たちは、本当においしいものは
自分たちだけで食べるってことを。

ぼくだっておいしく
食べられるのに……。

いつだったか、上の姉ちゃんが隠しておいたものを
こっそり食べたことがある。

これまで食べたことのない、ミラクルな味！
あの味が忘れられない。

待ってろよ、伸びるパン。

おまえのことも、
すぐに食べてやるんだからな。

ハロウィーン①

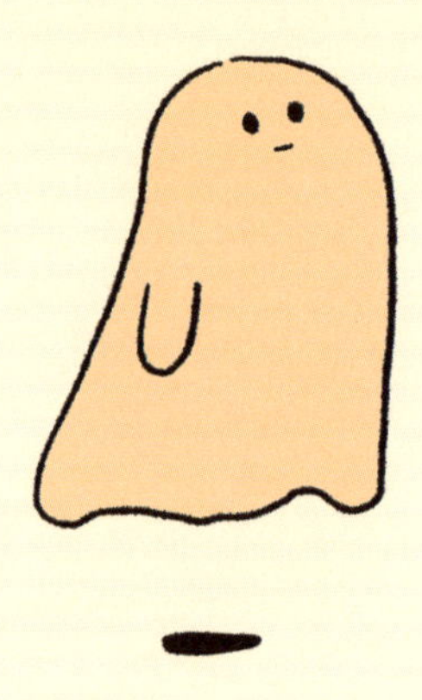

ボクはオバケ。

だからボクに出くわすと、
みんな悲鳴をあげるか、逃げていく。

オバケだぞ〜

バババッ

ハロウィーン②

あっ！　またアイツがいる！

あわわっ

あぐあぐ
およよっ

あーん

なんだろう？
この安心感……
Zzz…

DOGS
DOGS
INK

犬だって「哲学」する

ぼくはいったい、何者なんだろう？

少し前のことだ。

たしかにぼくは
他のマルチーズと比べると大きいし、

毛もクルクルだ。

ひょっとして、
ぼくって本当はクルクル毛の羊なのかな？

いやいや、
ぼくは勇敢(ゆうかん)だからトラかもしれない！

上の姉ちゃんにはメレンゲみたいって言われたし、

ジェウォンにはまん丸雪だるまみたいって言われた。

鏡に映るぼくに尋（たず）ねる。

ぼくはいったい、何者なんだろう？

……まあ、なんでもいっか！
ぼくはぼくだ。
それに、こんなにも完璧なんだから！

消えた前歯

前歯がもう残り少ない。

噛んでひきちぎってを楽しんでいた時代も、もうおしまいか。

それでも歯磨きは嫌いだ。
大っ嫌い！

だけど、おいしいものを諦めるのも無理！

よし！　前歯がないなら、奥歯で噛むぞ！

イテッ！

ああ、やっぱり歯磨きをしておくんだった！

トイレがめんどくさい

いつからか、トイレにいくのも億劫(おっくう)になった。

まったくもう、
早くいっておいで！
スン

あ～、スッキリ～
（じつは漏れそうだったんだ）

膵炎vsぼく

ある日突然、痛みに襲(おそ)われた。

ここはイヤ！　ぼくを置いていかないで！

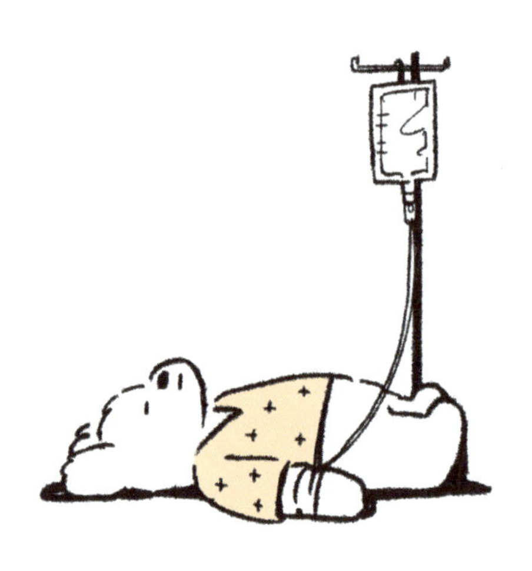

何も頭に浮かばない。
まさか死んだりしないよね？

ちゃんとごはんを食べて薬を飲めば、家に帰れるらしい。
ここを出て、みんなに会うためにはそうするしかない。

やった！　やっと家に帰れる。
しっかり食べて、歌った甲斐（かい）があったな。

やっぱり病院はぼくに合わない。
エリザベスカラーも、ぼくを止めることはできないし。
病院さん、今世はもう二度と会わないようにしよう。

ぼくの心臓へ

膵炎を患(わずら)ってから、
ぼくは自分の心臓が他の犬よりも大きいことを知った。

サイズが
大きいからかな？
ぼくの心臓は音も
大きい気がする

心臓がこれ以上大きくならないよう、
1日2回、ごはんに薬を混ぜて食べることになった。

ぼくは強いから、薬なんてどうってことない。

だけど姉ちゃんは、ときどきぼくの胸に耳を当てては、
そのまましばらくじっとしている。
ぼくの心臓に、何か言いたいことがあるのかな？

じつはぼくも、
心臓に言いたいことがあるんだ。

ぼくの心臓へ
あのね、これ以上
大きくならないで
ほしいんだ。
もしも大きくなるときは、
そう言ってくれる？
P.S.
姉ちゃんがきみのこと
きれいだって。

ぼく、ついに車を買ったんだ！

たくさん歩くと心臓に負担がかかるからって、
上の姉ちゃんが買ってくれた初マイカー。

わぁー！
ドライブ最高〜

睡眠時間が増える

最近は散歩にいっただけでも眠くなって、

あくびが止まらなくなる。

ぼくだけ仲間はずれはイヤなのに……。

眠気を我慢しようとしてもできない。

ムンゲまた寝てる
なでなで

寝かせといてあげよう
最近ちょっと寝すぎじゃない？

んー？　ぼく、また寝てたの？

あれ？　上の姉ちゃんがため息をついている。
何かあったにちがいない。

聞くところによると、ぼくを産んでくれたピッピ母さんが
犬の天国にいってしまったらしい。
そこにはぼくの双子の姉、イップニ姉さんもいる。

ぼくはよく知らないけど、
そこはとってもいいところなんだろうな。
だって名前が「犬の天国」だから。

やわらかい芝生を走り回って、
休みたいときはいつでも寝転がっていいところ！

おいしいおやつが山ほどあって、

お腹いっぱい食べて寝ても太らないなんて、まさに天国！

ピッピ母さんとイップニ姉さんも、
そこで楽しく暮らしているんだろうな。

会いたい人を、いつでも見れているんだろうな。

ぼくは、いつそこにいくんだろう？

気になったけど、知りたくはなかった。

ぼくはただずっと、
姉ちゃんのとなりに座っていた。

犬の時間と人間の時間

今日はぼくの誕生日！

いつからか、ぼくの誕生日がくると

上の姉ちゃんが少し悲しそうな顔を
するようになった。

ぼくの寿命(じゅみょう)を悲しんでいるんだろうか？

いつからか消化不良をよく起こすようになり、

睡眠時間もだんだんと増えていった。

ひざも痛むし、

目もかすむようになった。

でもさ、姉ちゃん。そんなに悲しまないで。

ぼくと姉ちゃんの「生きる速度」は違うかもしれないけど、

昨日も今日も明日も
心を込めて

すべての時間を
姉ちゃんと一緒に過ごすよ。

ぼくは今が一番幸せ！

犬の年齢で14歳ともなれば、
これからについて考えるのは当然だ。

ぼくもそろそろ、犬生の計画を立ててみようかな。

とはいえ、ぼくはこれまで計画を立てたことがない。

毎日家族とともに過ごしながら、

一日一日を大切にしているからだ。

ぼくは、
昨日が幸せであったように

今日も明日も
幸せであると知っている。

だから、ぼくはぼくらしく

未来の計画は立てないことにした。

これからも

ぼくたち一緒に

今、この瞬間を幸せに生きようワン！

yeyeのエピローグ

この世のすべての美しくてすてきな言葉たちを、ムンゲに——。

ムンゲは社会性があまりよろしくない。
多少の気の強さはマルチーズが生まれ持った性格とも言えるが、同じ犬だけでなく子どもも苦手という偏屈(へんくつ)さまで持ち合わせているため、わたしは散歩中にいつも「すみません」を連発している(結局は、わたしが社会性を育ててやれなかったせいだが……)。

そんなムンゲが多くの方々の関心と愛を受け、
作家デビューまでするなんていまだに実感が湧かない。

この本は「ムンゲが文章を書くとしたら」という出版社の企画から始まったのだが、ありのままを記録するエッセイマンガを描いてきたわたしには、大きな挑戦だった。

それに今までは、わたしの目線で見て感じたムンゲを描いてきたのであって、ムンゲの目線から見た世界については、考えたことも描いたこともなかった。
これまでとは全く違う作業方式に変えなければならなくなり、わたしは頭を抱えた。

「あのときムンゲは、何を考えていたんだろう?」

「わたしが落ち込んでいるとさりげなく寄ってきて、
おしりをくっつけて座るムンゲは、何を思っているんだろう？」

執筆中、ひたすらムンゲの立場になって考え、
ムンゲの行動をわたしなりに解釈しながら悩み続けた。

なかでも一番気をつけていたのは、ムンゲを擬人化しすぎないようにすることだ。
犬のムンゲが持つ魅力が埋もれないようにしたかったし、どうすればそういう部分までうまく表現できるか、考えをめぐらした。

そんなとき、ある記憶が思い起こされた。
祖母が生前にわたしの家でしばらく過ごしていたとき、
服用していた薬のせいで一時的な幻覚症状がみられたのだが、
時折こんなことを話していたのだ。

「ムンゲはな、家に誰もいないときは代わりに電話も取ってくれるし、病院に連絡までしてくれるんじゃよ。うちのムンゲは天才犬じゃ、天才犬」

そうしてわたしは、祖母との思い出のおかげで誰にも気づかれないよう執筆する「作家のムンゲ」を描くことができた。

本の中のムンゲはおもに家族たちが寝ている間に執筆し、
ばれないよう2本足で歩いたり、人のように行動したりする。
そして考察はしつつも、それを口にしたりしない。
(わたしは、これが犬の魅力のうちのひとつだと思っている)

作家のムンゲは本来のムンゲとは似て非なる、独特な魅力を持っている。
故意に美化も誇張もされていない「作家のムンゲ」の姿をおさめるよう努めた。

またわたしは、この過程を通してムンゲをより深く理解できるようになった。

この本を書いていたときのことだ。若くはないが、これまで重い病気にかかったことのなかったムンゲが、入院することになったうえに、心臓肥大という病気も見つかった。

漠然と感じていた、あるいは必死に目を逸(そ)らしていた感情が
一気に押し寄せてきた。
「いつか、ムンゲがわたしのもとを去る日がくる」

そう思ったら息が苦しくなった。

ところが数日後、ムンゲは見事に回復を遂げた。以前よりもたくましい姿になって、心臓病ともよく闘ってくれている。

夜遅くにローテーブルで作業をしているわたしのそばには、
ブランケットに身をうずめたムンゲがいつも眠っている。

ふわふわでふかふかのムンゲから、
あたたかいキャラメルポップコーンの香りがする。
一日の終わりに味わえる、一番幸せな瞬間だ。

小さいけれど幸せな瞬間を、この本を読んだ人たちが、
ムンゲのあたたかいキャラメルポップコーンの香りとともに感じられますように。

今日の幸せなyeye

All dogs are writers.

家に帰ってきたあの日、
ぼくはぼくの話を書くことにした。
この本は、ぼくの犬生の記録である。

著者

yeye（イェイェ）

アーティスト・エッセイ作家
日本の京都精華大学でアニメーションの学士号（2011年）と漫画・絵本コースの修士号（2013年）を取得後、故郷の韓国に帰国。2022年に個展を開催し、画家としてデビューを果たす。アニメーションと絵画のテクニックを組み合わせて、自身の伴侶犬であるムンゲを芸術的に描きながら計4冊の書籍の出版と計2回の個展の開催に成功。日本でのアーティスト活動は、本書が初めてとなる。

訳者

菅原光沙紀（すがわら・みさき）

フリーランス翻訳者
1998年生まれ。神奈川県出身。韓国・高麗大学環境生態工学部を卒業後、2023年よりフリーランスの翻訳者として産業翻訳やウェブトゥーン翻訳に携わる。今年の秋から再び韓国に渡り、韓国文学翻訳院翻訳アカデミー正規課程に在籍中。

はじめまして、ムンゲです。

一匹の家族が教えてくれた、人生で大切なこと

2024年12月10日　第1版第1刷発行

著者　yeye
訳者　菅原 光沙紀
発行者　永田貴之
発行所　株式会社PHP研究所
東京本部　〒135-8137　江東区豊洲5-6-52
ビジネス・教養出版部　☎03-3520-9619（編集）
普及部　☎03-3520-9630（販売）
京都本部　〒601-8411　京都市南区西九条北ノ内町11
PHP INTERFACE　https://www.php.co.jp/
印刷所
製本所　大日本印刷株式会社

ISBN 978-4-569-85824-1